COURS

DE

CHARPENTE

CONTENANT

LA COUPE ET L'ÉTABLISSEMENT DES BOIS

D'APRÈS DE NOUVEAUX PROCÉDÉS,

Avec des Applications d'Ombres et de Perspective à la Charpente,

PAR E. SEVEUX,

PROFESSEUR DE CHARPENTE.

V.˙C.˙.˙ T.

Première Partie.

A PARIS,

Chez L'AUTEUR, rue des Marais-Saint-Martin, 58;
Et rue du Faubourg-Saint-Martin, 83.

1844.
1843

Impr. de Mme De Lacombe, rue d'Enghien, 12.

COURS

DE

CHARPENTE

CONTENANT

LA COUPE ET L'ÉTABLISSEMENT DES BOIS

D'APRÈS DE NOUVEAUX PROCÉDÉS,

Avec des Applications d'Ombres et de Perspective à la Charpente,

PAR E. SEVEUX,

PROFESSEUR DE CHARPENTE.

V. G.·. T.

Première Partie.

A PARIS,

CHEZ L'AUTEUR, rue des Marais-Saint-Martin, 58;
Et rue du Faubourg-Saint-Martin, 83.

1844.
1843

Impr. de Mme De LACOMBE, rue d'Enghien, 12.

Planchers et Pans de bois.

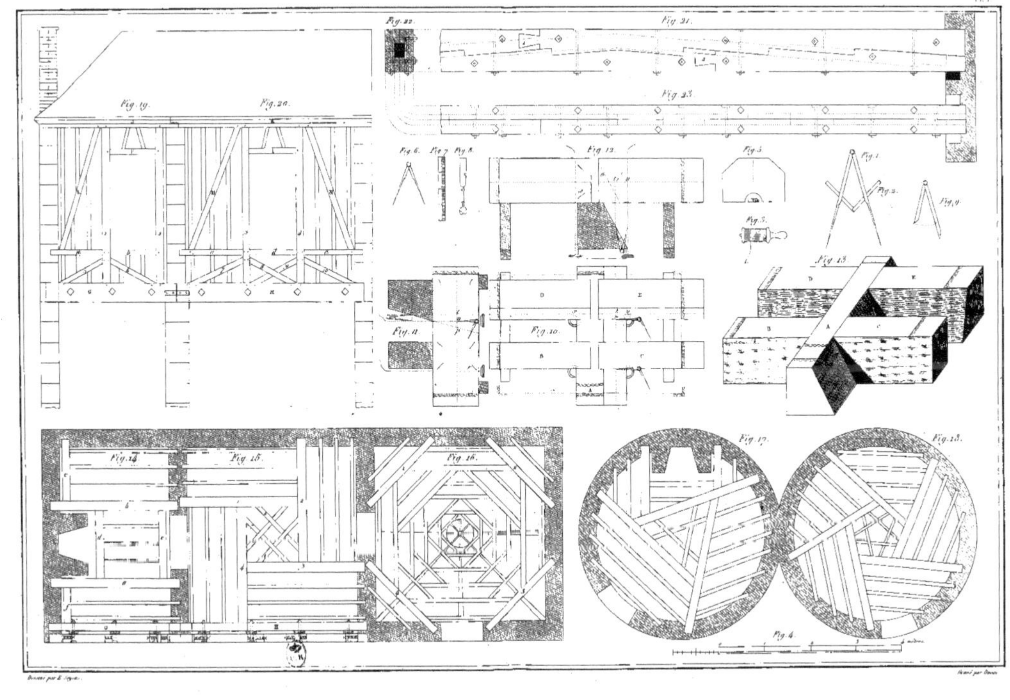

Dessiné par E. Séguin.

Gravé par Dauvin

Combles.

Fig. 3.

Fig. 2.

Fig. 4.

Fig. 5.

Fig. 8.

Fig. 9.

Fig. 10.

Fig. 7.

Fig. 6.

Fig. 11.

Fig. 13.

Fig. 12.

Fig. 1.

0 1 2 3 4 mètres

Combles.

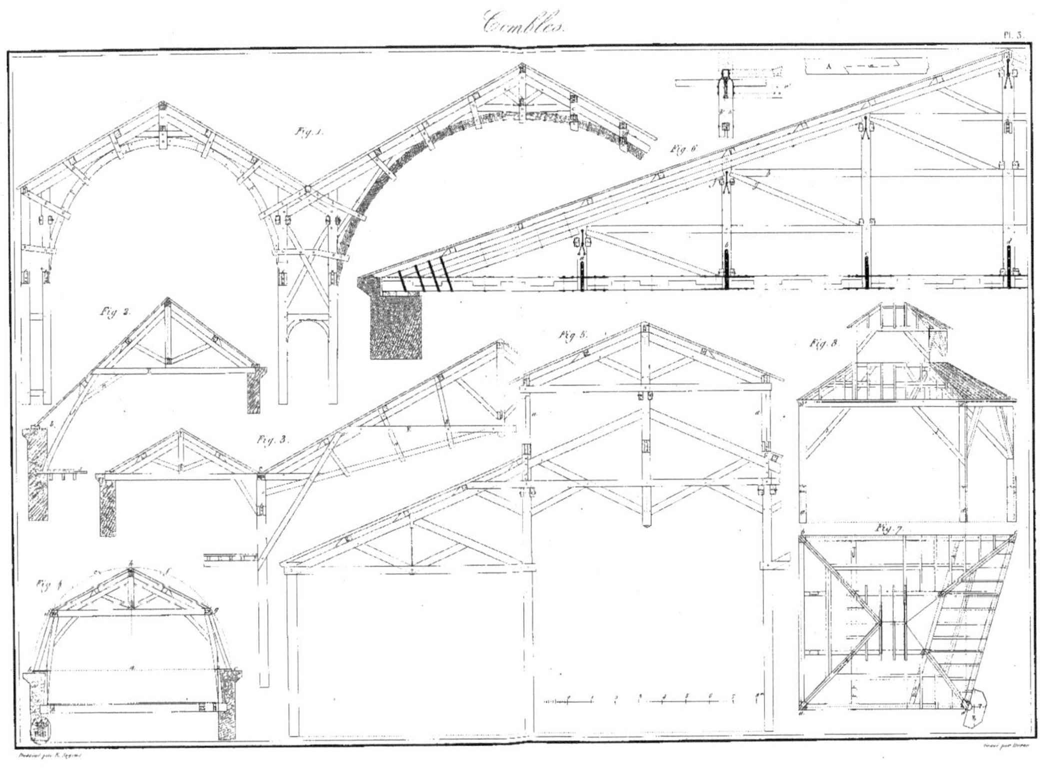

Dessiné par R. Seguin · Gravé par Dubas

Pavillon sur Lierne.

Pl. 4.

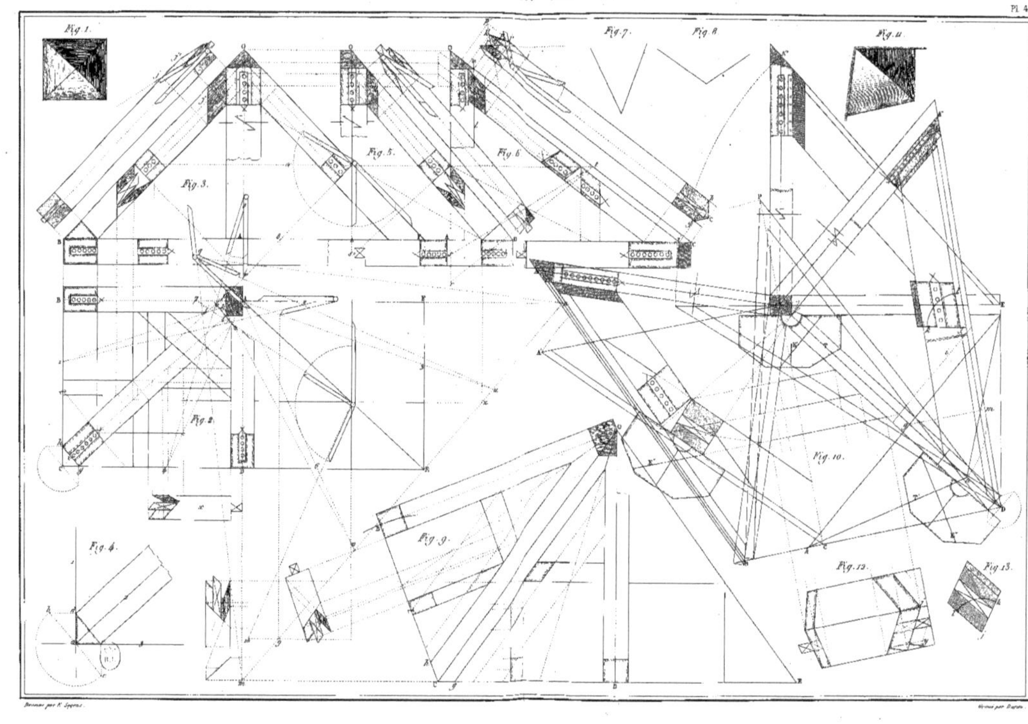

Pavillon sur Tasseau.

Pl. 5.

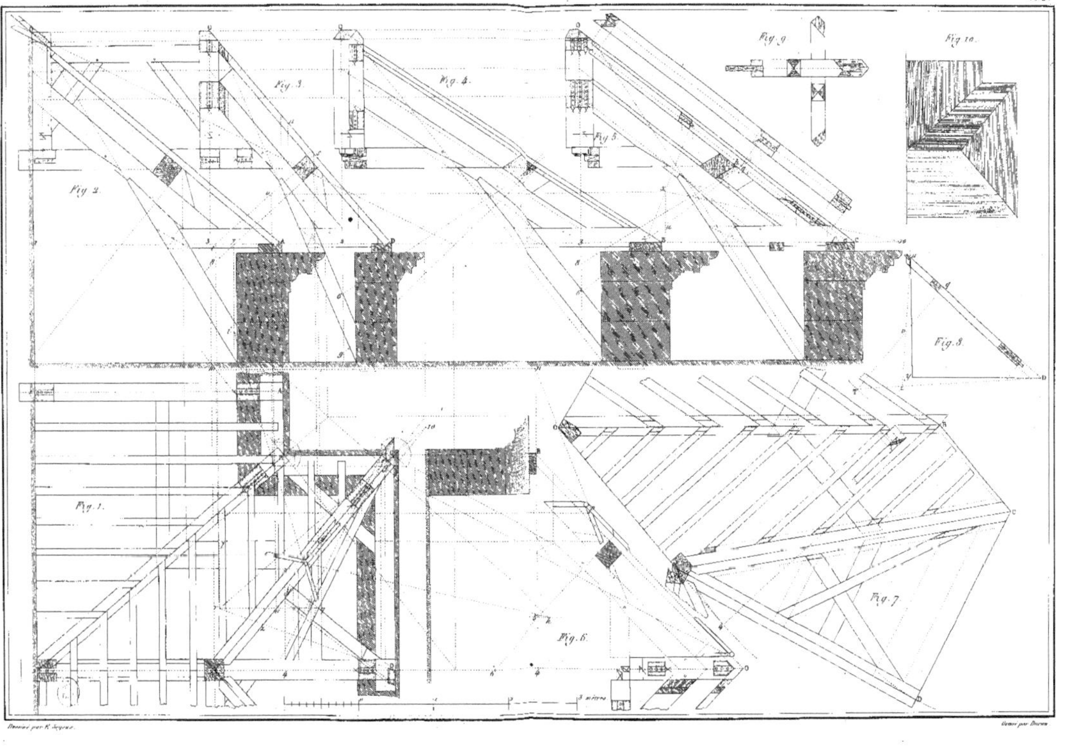

Dessiné par K. Seguin.

Gravé par Duron.

Combles de Lucarne.

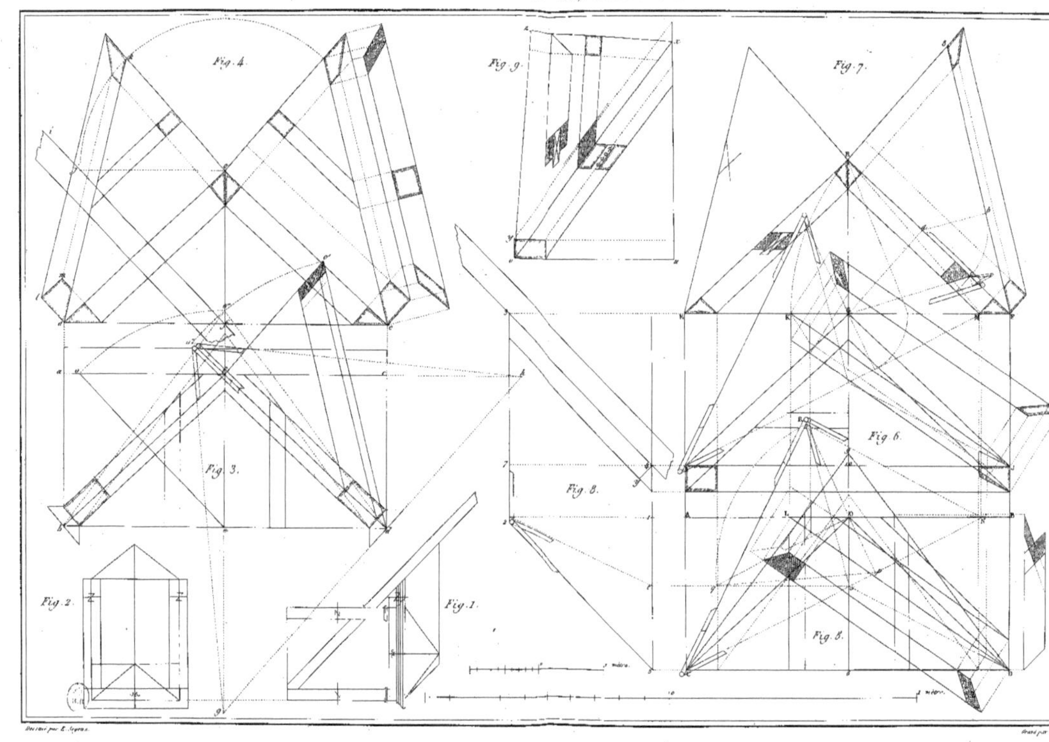

Comble droit et mansarde

Pl. 7

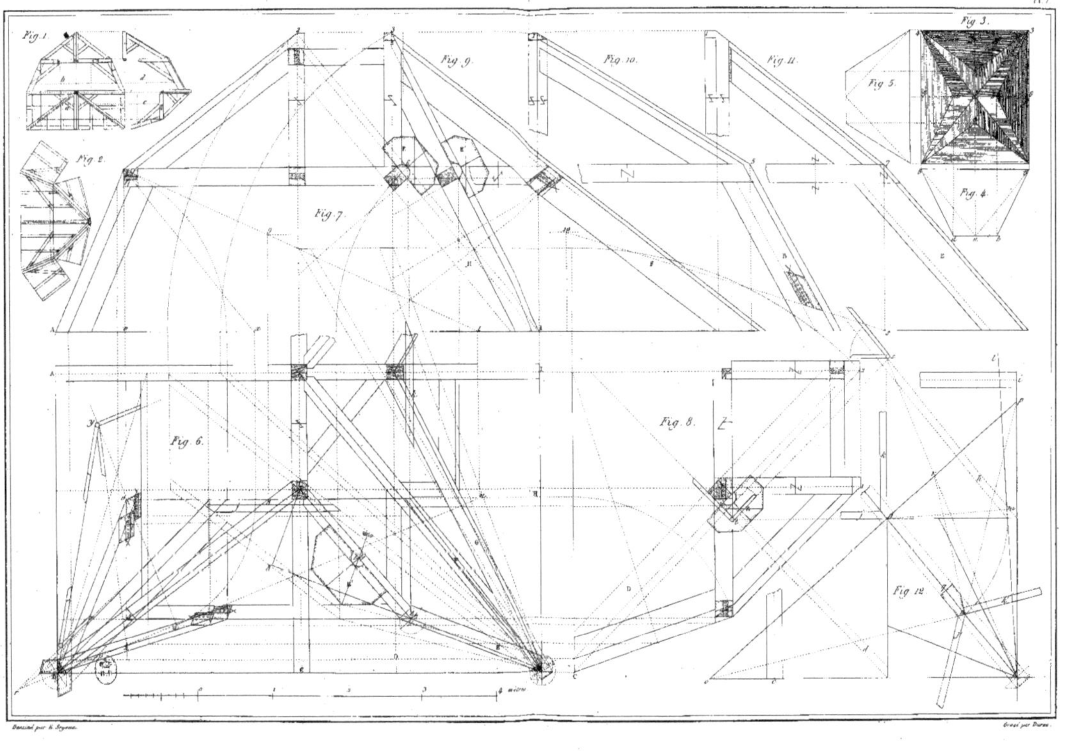

Dessiné par E. Seyeme. Gravé par Duran.

Pavillons à 7 et à 5 épis avant-corps.

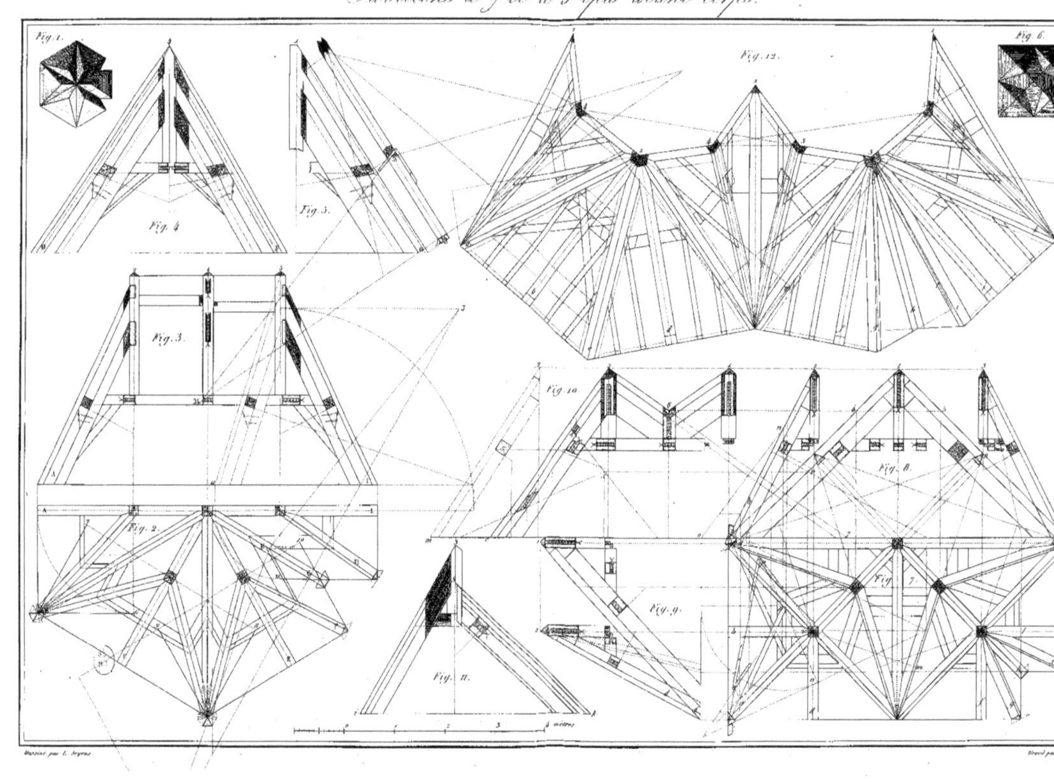

Dessiné par L. Seyvas

Gravé par

Pavillon biais et avant-corps.

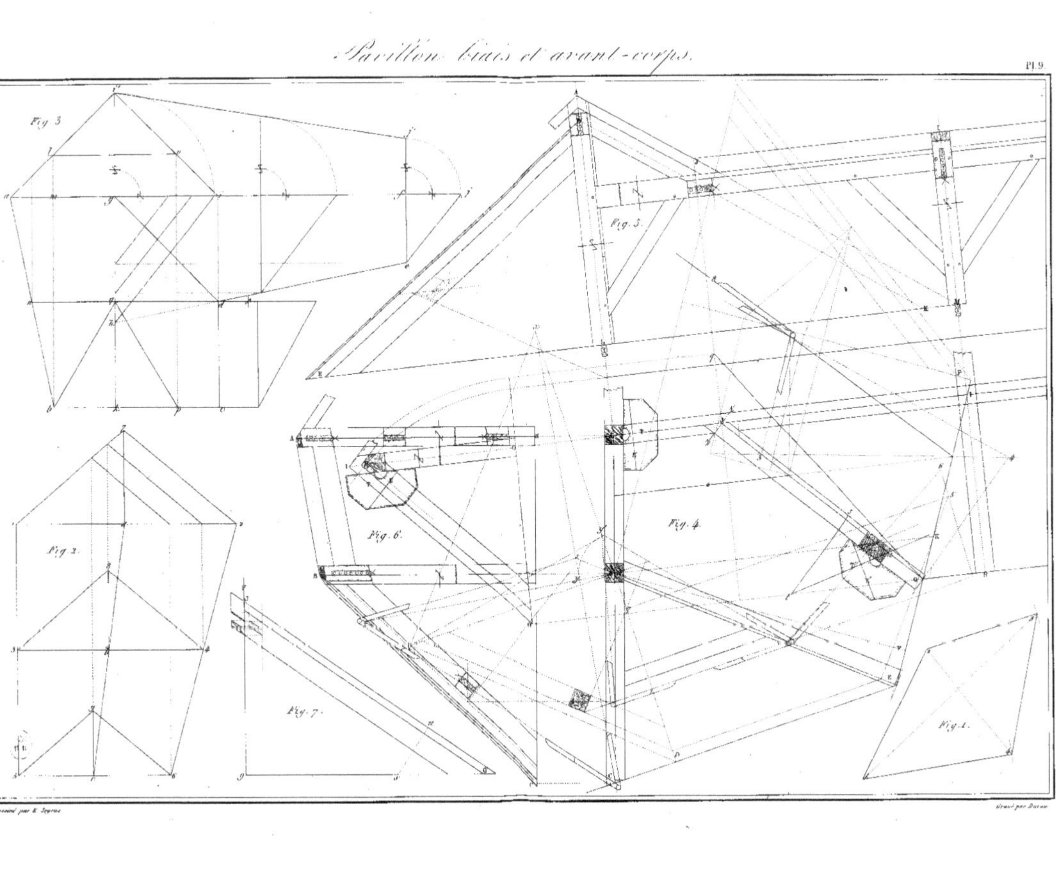

Volets _ Raccordements de Comble.

Établissement de lien de mansarde et d'entraits dévoyés.

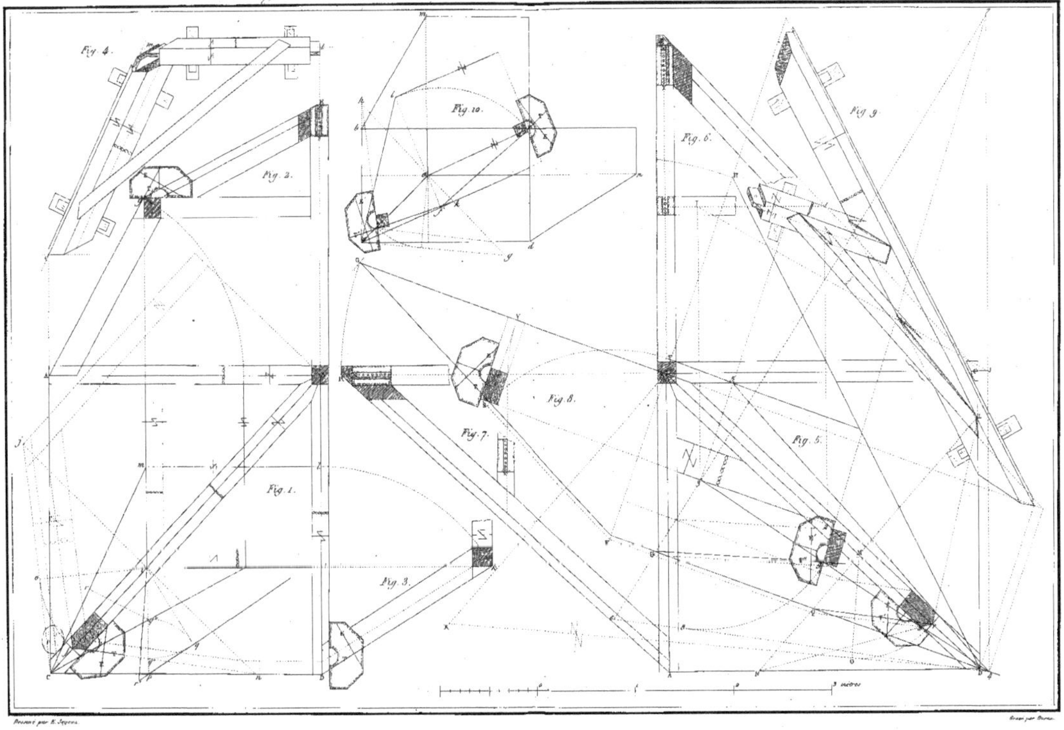

Fig. 1. Fig. 2. Fig. 3. Fig. 4. Fig. 5. Fig. 6. Fig. 7. Fig. 8. Fig. 9. Fig. 10.

3 mètres

Dessiné par E. Jeyens. Gravé par Bury.

Ombres, Épures et Perspective.

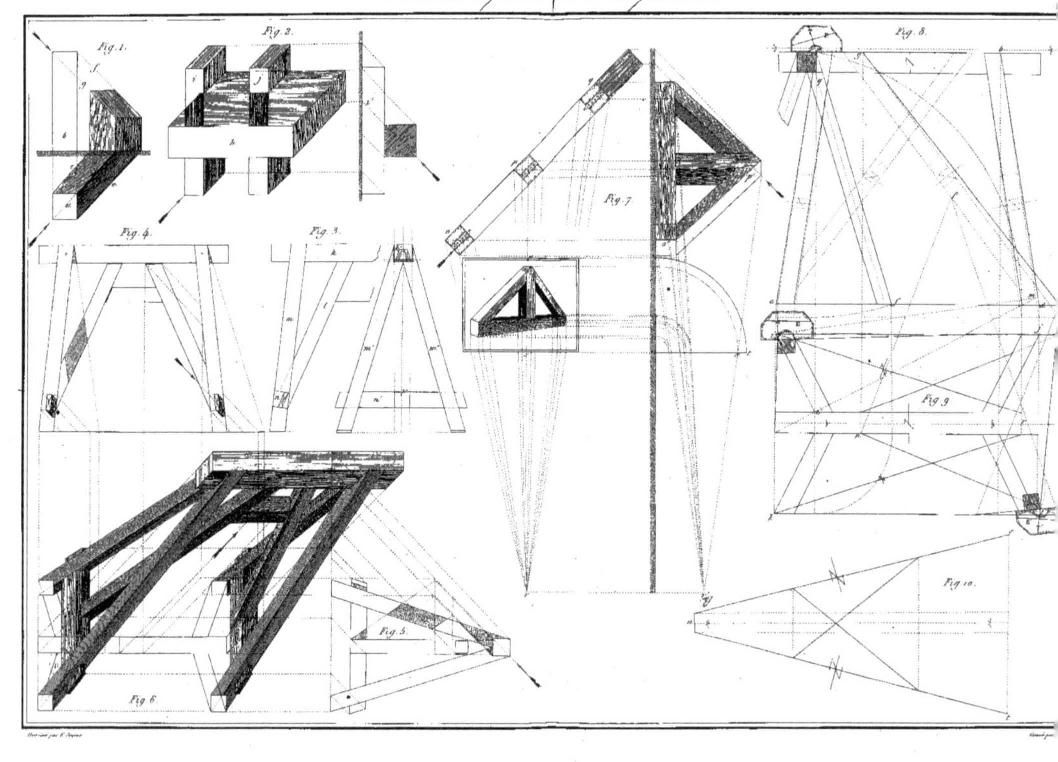

Établissement du Pavillon à dévers.

Pl. 13.

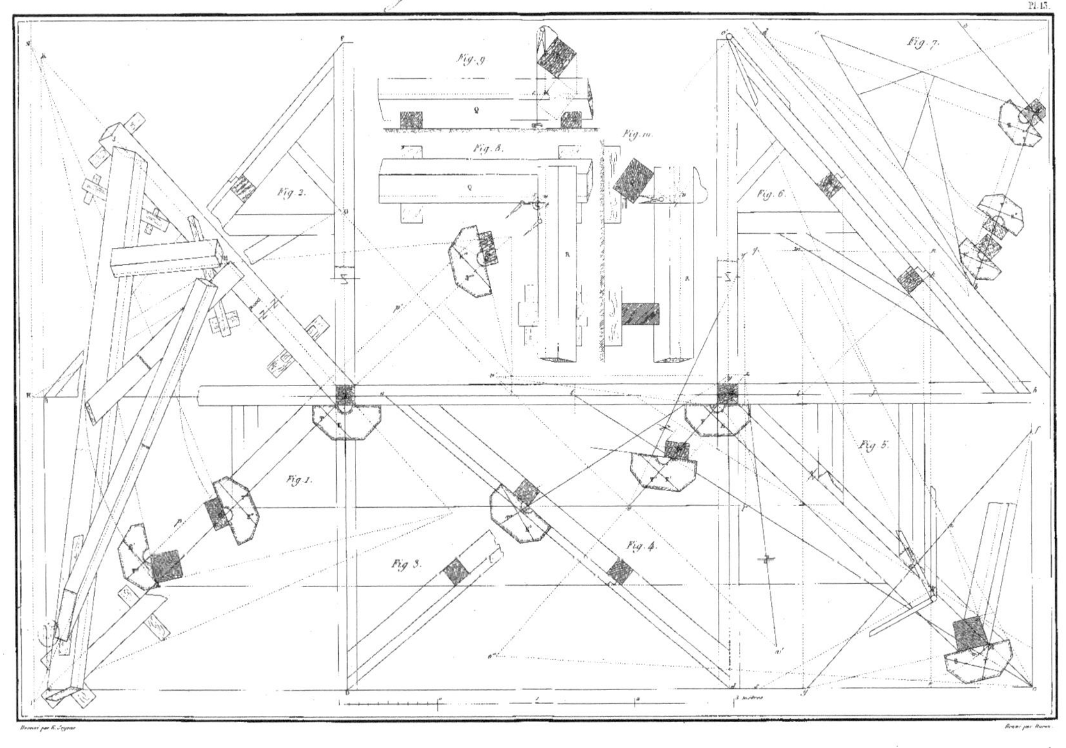

Combles à dévers et branches de nolets ou chanlattes.

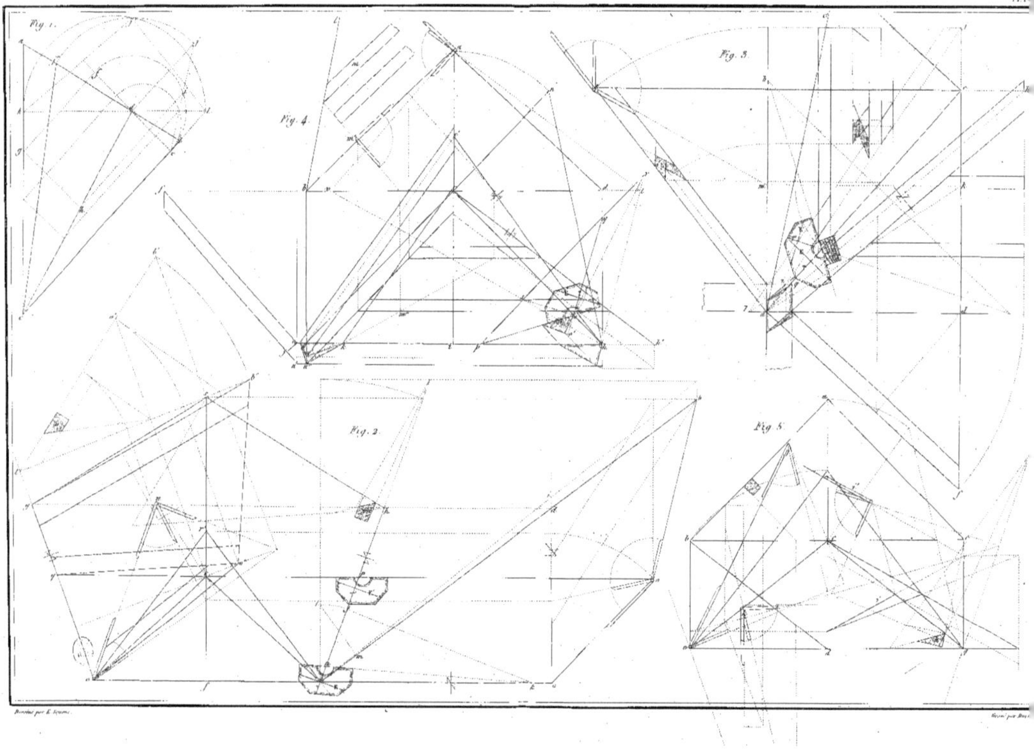

Fig. 1.

Fig. 4.

Fig. 3.

Fig. 2.

Fig. 5.

Dessiné par E. Lucas.

Gravé par

Établissement de liens de pente

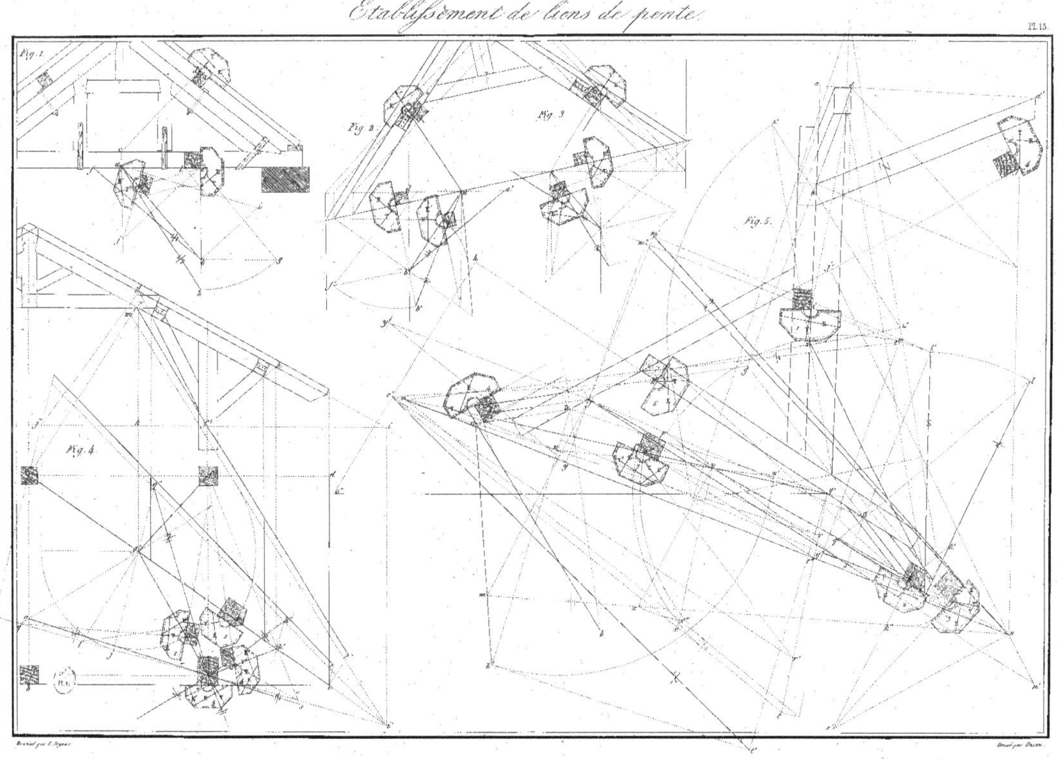

Dessiné par E. Seguin — Gravé par Dussy.

Raccordements du Nolet sur l'Arêtier et du Nolet brisé sur la Noue.

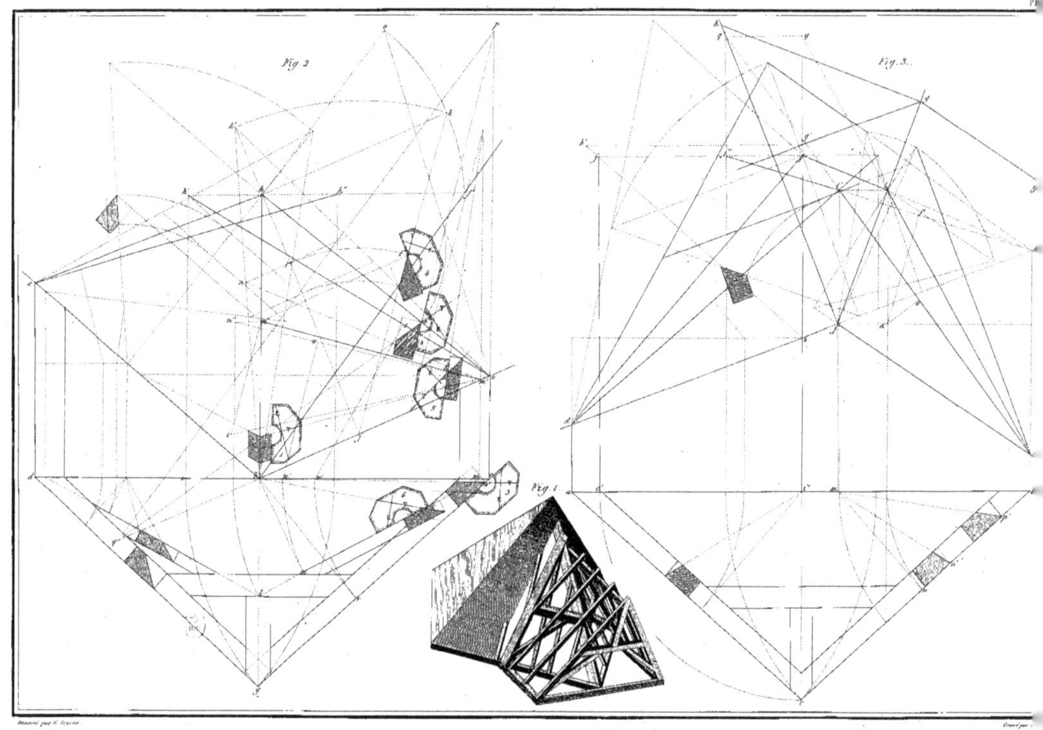

Coupes à la Sauterelle de liens de pente, etc.

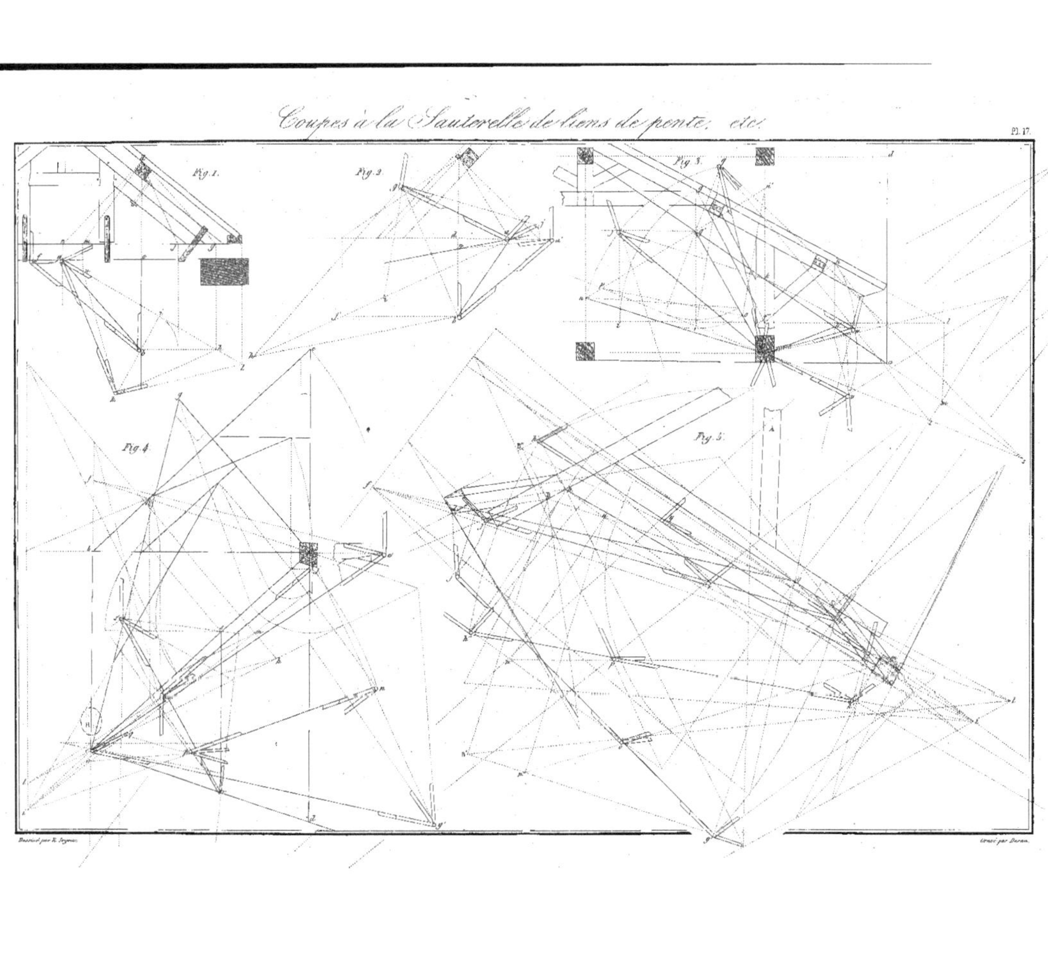

Dessiné par E. Jeymae. Gravé par Duran.

Pavillons rampants avec Perspective

www.ingramcontent.com/pod-product-compliance
Ingram Content Group UK Ltd.
Pitfield, Milton Keynes, MK11 3LW, UK
UKHW021014200726
13857UKWH00004B/1438

9 782012 937475